XIAO AIYINSITAN
小爱因斯坦
SHENQI XINGQIU
DA BAIKE
神奇星球大百科

TAIKONG
TANMI
太空探秘

（英）North Parade 出版社◎编著　　　郭　瑞◎译

云南出版集团　晨光出版社

目录

宇　宙

宇宙是由浩瀚无边的区域或者空间，以及数以亿计的星系和恒星组成的。所有的星系交织在一起，使得宇宙就像一个巨大的蜘蛛网。太阳、地球、月球以及其他所有的行星都是宇宙中的成员。

宇宙有多大呢?

直到 20 世纪初期，人们都普遍认为宇宙中只有一个星系，那就是我们的银河系。后来，天文学家们发现，最初他们所认为的星云事实上也是星系。据估测，宇宙大约有 1，000 亿个星系。然而，随着新的星系不断地形成，这个数字还在不停地增长。

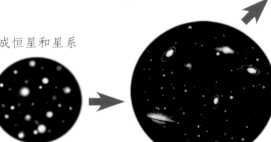

▶ 宇宙继续无限地膨胀下去

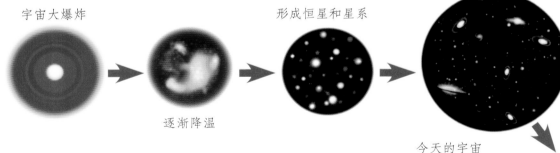

▶ 宇宙可能无限地膨胀，也可能会收缩到最初的一个点。

宇宙大爆炸

逐渐降温

形成恒星和星系

今天的宇宙

膨胀的宇宙

随着宇宙的膨胀，它开始降温。很快，叫作原子的微小颗粒开始形成。这些原子汇聚在一起，形成恒星和星系。许多科学家认为，宇宙甚至在今天还在不断地膨胀。这一理论最初是由美国的天文学家埃德温·哈勃提出来的。在 20 世纪 20 年代，哈勃发现遥远的星系似乎正在远离我们而去。他还说，星系离我们的距离越远，它们远离的速度也越快。

科学家们认为宇宙是在150亿年以前形成的。根据宇宙大爆炸的理论，宇宙中所有的物质都被包裹在一个微小的火球里。这个火球逐渐地膨胀，然后开始降温。内部的压力使得这个点急速膨胀，这样就形成了宇宙。

或者它会开始收缩，直到所有的物质都包含在一个点之中。

增大还是收缩？

那么，宇宙在未来会停止膨胀吗？或者说星系会继续远离彼此吗？关于宇宙的未来，有多种多样的理论。根据"开放的宇宙"这一理论，宇宙会永久地膨胀下去。而"封闭的宇宙"这一理论则表示，宇宙将会停止增长，开始收缩，直到宇宙中所有的物质都被包含在一个小点之中，就像宇宙最原始的状态一样。因此，在那时宇宙可能会就此终结，乃至重生。

▶ 分光仪有助于形成光谱，测量光的特性，如波长、能量和密度。

星　系

宇宙由数以亿计的星系组成。那么，什么是星系呢？星系由尘埃、气体和数以百万计的恒星组成。由于万有引力的存在，它们聚集在一起。

螺旋星系

椭圆星系

不规则星系

星系的类型

星系的形状各异，大小不一。就形状而言，星系通常分为螺旋星系、椭圆星系和不规则星系。

螺旋星系的形状像一个圆盘，周围有长长的螺旋臂，新的恒星就产生于此。椭圆星系的外形呈球状，由较为古老的恒星构成。没有固定形状的星系则被称为不规则星系。

明亮的邻居

我们都知道，银河系只不过是宇宙中的星系之一。大多数星系离我们都极其遥远，因此我们无法看到它们。然而，有几个距离我们较近的星系已被发现。被称作"梅西耶天体 31 号"（或者 M31）的仙女座星系就是其中之一，它的大小大约是银河系的两倍。

星系碰撞

你知道星系之间曾发生过相互碰撞吗？当两个星系因引力作用而靠近彼此时，便会发生星系碰撞。碰撞的过程中，两个星系可能会融合，最终成为一个星系。在发生碰撞的星系中，恒星之间的距离通常很大，因此，两个星系的融合不会产生危险的爆炸。

▲ 预计 40 亿年后，仙女座星系可能会和银河系发生碰撞。仙女座星系正以差不多每秒 300 千米的速度向我们靠近。这两个星系有可能合并，形成一个新的椭圆星系。

▶ 银河系是一个螺旋星系，包括 2，000 多亿颗恒星和太阳系。太阳系位于银河系的一支旋臂——猎户臂上。

星　空

当我们仰望繁星密布的夜空时，很难相信这些恒星事实上是由热气和尘埃凝聚在一起的巨大的球体。新的恒星就诞生在由尘埃和气体构成的云雾状星云中。一颗恒星可以存活数百万年，甚至是数十亿年。

太空巨人

恒星按照大小可以分为巨星和矮星。超巨星是宇宙中最大的恒星，这些恒星甚至比太阳大 400 多倍。巨星比超巨星稍小，最小的恒星是红矮星。我们的太阳是一个中等大小的黄矮星。

头顶上的星团

大多数恒星都是成群结队的。太阳作为一个独立的恒星则是一个特例。许多恒星是成对出现的，因此被称为双星。它们围绕着一个共同的重心旋转。恒星也可能属于一个更大的群体——星团。天文学家将星团大体分为疏散星团和球状星团。

▲ 当几十万颗恒星聚拢在一起成为一个密集的球体时，就形成了球状星团。其中有些恒星已经存在 120 亿年之久了。

▲ 疏散星团是一个比较稀疏的集群，大约有十几个到数百个恒星。

空中图案

当你仰望星空时，你可能会将这些星星想象成一些动物或者和其他物体的图案和轮廓。事实上，古时候的人们就将群星看作猎人、熊、螃蟹、龙以及许多其他众多的形象。现代天文学家把这些星星构成的图案叫作"星座"。

◀ 著名的星座包括大熊星座、小熊星座和猎户座。通常以三颗明亮的恒星来辨认猎户座，它们位于猎户座的中部，就像猎人的腰带一样。

▶ 天文学家一共确认了 88 个星座。其中包括十二星座里的图案。古时候的船员就是通过观看星座来辨认他们的海上航线的。

有 趣 的 事 实

大多数恒星离我们非常遥远，它们的光到达地球需要很多年，有的需要几十亿年。

事 实 档 案

n. 宇宙中已知恒星的数量：
大约七百万亿亿颗（7 后 22 个零）

n. 肉眼可以看到的恒星的数量：
约 8,000 颗

n. 距离地球最近的恒星：
太阳，约 1 亿 5 千万千米

n. 距离太阳系最近的恒星：
比邻星，距离地球约 40 万亿千米

n. 星座的数量：88 个

n. 猎户座腰部的恒星数量：3 颗

恒星的消亡

恒星并不是永久存在的。就像宇宙一样，随着它们年龄的增长而不断膨胀。小的恒星，例如太阳，不断膨胀，最终走向消亡。而那些庞大的恒星，在爆炸消亡前，散发的光更加明亮耀眼。

恒星的诞生

在引力的作用下，氢气聚集挤压，形成高密度的旋涡云，由此便形成了恒星。随着旋涡云的运转速度加快，氢原子开始相互碰撞，释放出巨大的热能，使得气体开始发光。这种发光的气体云被称作原恒星，经历一段时间后，它的体积继续增大，成为恒星。

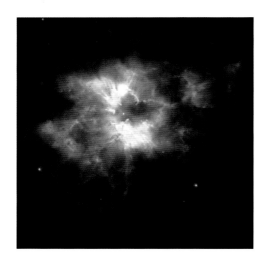

▲ 由中等大小的恒星形成的红巨星的亮度会越来越弱，在红巨星消亡之前变成白矮星。

超新星

随着恒星不断地升温发光，外层的气体开始膨胀，然后降温。同时，位于内核的氢转化为氦，使得内核收缩。降温的外层开始发出红色的光。这个阶段的恒星叫作红巨星。

黑洞

当超大巨星爆炸成为超新星后，剩余的内核形成黑洞。黑洞的中心叫作"奇点"。在奇点周围一定范围内的引力非常大，光都无法逃脱。这个有去无回的极限点叫作"视界线"。

◄ 黑洞是看不见的，因为被吸进去的光都是有去无回的。

▼ 类星体，也叫类星电波源，是宇宙中最遥远的天体。这些类似恒星的天体散发出巨大的能量，比 100 个星系加在一起都要亮。

◄ 演变为红巨星的大质量恒星在一场超新星爆炸中走向消亡，其爆炸时所发出的光比我们的太阳要亮 10 亿倍。

太阳系

太阳、八大行星和它们的卫星、矮行星（冥王星）、小行星、彗星和流星共同组成了太阳系。我们的太阳系位于银河系的其中一只旋臂的边缘。

认识我们的太阳系

太阳系的形状像一枚鸡蛋。直到40亿年前，太阳系还只是由气体、岩石和冰粒等物质组成的一个云团，在银河系中漂浮。后来，这个云团开始挤在一起，并在挤压的过程中产生了热能。最后，中心发生爆炸，太阳就此诞生了，随后又诞生了各大行星。

（天王星）

（土星）

（木星）

（火星）

（地球）

（金星）

（水星）

天体

行星是围绕恒星旋转的一个巨大的天体。太阳系有八大行星。离太阳较近的行星叫作内行星。这些行星主要由岩石构成，其中包括水星、金星、地球和火星。木星、土星、天王星和海王星叫作外行星。

巨行星

  距离太阳第五颗的行星是木星，它是太阳系中最大的行星。木星的自转速度比其他行星都快，而且其卫星也最多。关于木星，有一个惊人的事实。那就是一场巨大的风暴在木星表面肆虐了 300 多年。这个风暴所在的区域叫作大红斑。

（冥王星）

（海王星）

◀ 天文学家认为太阳系诞生于 45 亿年前。

◀ 外行星由气体组成，因此也称作气态巨行星。最初，我们只知道八大行星。1930 年，我们知道还存在着第九大行星——冥王星。但后来，它被归类为矮行星。

◀ 水星是距离太阳最近的行星，它的大小就像月球一样，是太阳系最热的行星。而冥王星是最小的，也是最寒冷的行星。水星围绕太阳公转一圈仅需 88 天。而最远的行星之一——冥王星的公转周期则是 248 年。

彗星和小行星

除了太阳、八大行星和它们的卫星，太阳系里面还有许多由岩石、金属和冰物质等构成的天体。这些天体就是小行星、流星和彗星。像行星一样，它们也围绕着太阳进行公转。

类行星

小行星是围绕着太阳公转的类似于行星的天体。这些由岩石构成的天体比行星要小，大小不一。有的体型巨大，直径大约是 1,000 千米。

▼ 我们的太阳系有数千颗小位于火星和木星之间的区小行星带。

▲ 体积较大的流星体的碎片叫作陨星。陨星可能会撞击地球表面，形成巨大的陨石坑或者环形山。

流星不是星！

在流星划过天空时，你有没有许过愿呢？不要惊讶哦，这些流星并不是真正的星星，而是体积微小的燃烧着的岩石。这些来自于流星体的岩石碎片，是彗星或者小行星的碎片残留。当流星体进入地球的大气层时，与空气分子发生碰撞，之后燃烧，就形成流星。

彗星

彗星是由冰物质和岩石构成的。当彗星接近太阳时，冰核的外层就会融化，喷射出气体和尘埃颗粒流，它们被推向彗星的尾部。有些彗星的彗尾长达 1.5 亿千米。

◄ 我们每 76 年可以看到一次哈雷彗星，这是因为哈雷彗星围绕太阳的公转周期是 76 年。

黄矮星

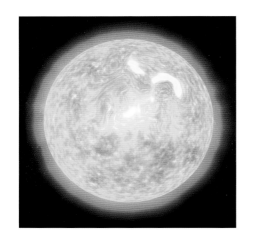

太阳看上去是一个燃烧着的火球，事实上它是一个中等大小的黄矮星。太阳的引力将八大行星和所有的小型天体控制在太阳系中，使得它们在各自的轨道上运行。与宇宙中的其他恒星相比，太阳的体积较小，也比较年轻，诞生于 45 亿年前。

日冕

色球层：
位于光球层
外面的透明
气体层

辐射区

日核

对流区

高温的内核

尽管太阳看上去像一个火球，但是太阳并不是真的在燃烧。你见过铁加热后是怎样变红的吗？太阳的光芒就像一块儿被烧红的铁。

◀ 太阳的内核发生反应后释放出巨大的能量，使得太阳像在燃烧一样。这个能量以热和光的形式传播到地球。

太阳耀斑和太阳风

有时巨大的磁场能量会从太阳内部释放出来，向太空喷射出气体流，使得局部区域突然增亮，这就是太阳耀斑。太阳耀斑发生后，会释放出带电粒子流，如质子和电子等粒子，这就是太阳风。

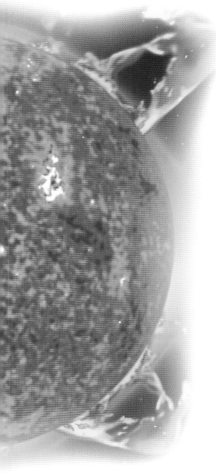

◀ 太阳耀斑是高能量辐射在太阳表层突然而猛烈的爆发。

躲起来的太阳

如果有一天中午，太阳突然消失了，你能想象得到会是怎样的情景吗？在日食发生时，月球运行到太阳和地球的中间，遮住了部分或者全部太阳光。日食分为日全食、日偏食和日环食。

▶ 来自太阳的带电粒子和大气分子碰撞后会产生一种发光现象，叫作极光。极光通常呈条带状。

蓝色星球

地球是距离太阳第三近的行星，也是排行第五大的行星。它是目前发现的唯一一颗有充足的水和氧气的星球。水和氧气是维持生命必不可少的条件。

如果你从太空向下望去，地球看上去是蓝色的，因为70%的地球表面被水覆盖。因此，地球也被称为"蓝色星球"。

生命之息

像其他行星一样，地球也被一个由各种气体组成的大气圈所包裹着。地球的大气层分为四层：对流层、平流层、中间层和热层。在地球大气层的所有气体中，氮气最为丰富。此外，还有少量的氢气、二氧化碳和水蒸气。

大气层

外核

内核

地壳

地幔

◁ 氧气在大气中占21%。其他的行星都没有充足的氧气来维持生命。

地球的分层

像大气层一样，地球的表面也分为不同的层次。最里面的一层叫作地核，由铁和镍构成。地核的外面是半岩石半熔融状态的地幔。地幔的高温足以将这一层中的岩石部分熔融。最外面的一层叫作地壳，是一个薄薄的岩石层。我们就生活在地壳之上。

旋转的地球

像其他行星一样，地球围绕着太阳公转，同时也围绕着自己的轴自转。地球自转一周需要 24 小时（或一天），公转一周大约需要 365 天。

有 趣 的 事 实

地球不是圆的，而更像一个球体。两极地区稍稍扁平，赤道地区略微凸起。

事 实 档 案

n. 与太阳的距离：一亿五千二百万千米

n. 围绕太阳公转的距离：九亿五千八百万千米

n. 地球上大洲的数量：7

n. 海洋的数量：5

n. 最高的峰：珠穆朗玛峰，高 8850.43 米（29017 英尺）

n. 最长的河流：尼罗河，约 6,695 千米长

n. 最大的沙漠：撒哈拉沙漠，八百六十万平方千米

◀ 地球自转时，面向太阳的一侧接收"日"光的照射，而背向太阳的一侧则处于黑暗之中，即黑夜。

众多的卫星

就像行星围绕着太阳公转一样，还有许多的小天体围绕着行星运转。这些围绕行星运转的天体叫作卫星。一些行星有一颗以上的卫星围绕。

我们的月亮

"月亮"这个词用于指地球的卫星，也叫作露娜（月神）。月亮主要由坚硬的岩石构成，表面崎岖不平，有的地方是粉状岩石构成的广阔的平原，有的地方则是高山。月亮表面还有一些巨大的坑，叫作环形山。月亮上没有空气和水，因此不可能维持生命的存在。

▼ 月球本身并不发光，而是反射来自太阳的光。

月相

月亮看上去不总是满月或圆月。它的形状不断变化，呈现出不同的"月相"。"新月"时，月亮位于地球和太阳之间。面对地球的一面背离太阳，是黑暗的，因此在地球上看不到月亮。几天过后，月亮被阳光照亮了一条线，这就是娥眉月。当月亮围绕地球运行到一半时，我们就可以看到月亮的整个光亮面，这个月相叫"满月"。

其他的卫星

　　除了地球外，许多其他行星也有其各自的卫星。火星有两颗卫星——戴摩斯和弗伯斯。这些卫星或许曾经是小行星。土星则有 30 多颗卫星。近年来，人们一度认为土星拥有卫星的数量最多。但是，如今木星凭借其 70 余颗卫星的数量跃居榜首。

▶ 在木星众多的卫星之中，比较有名的是盖尼米得、伊奥、欧罗巴和卡利斯托。这些卫星是由著名的意大利天文学家伽利略于 1610 年发现的。

红色行星

火星是距离太阳第四近的行星。多年以来人们一直对这颗行星充满了兴趣。火星的地表干燥，遍布富含岩石的沙漠，土壤中富含铁。

火星上的生命

在所有的行星中，火星与地球最相似。由于它距离太阳不是特别近，所以不太炎热。可是，冬季的气温可以降低到摄氏零下130℃。虽然火星上的大气几乎是由二氧化碳组成的，但是人们依然认为火星能够维持那些不需要氧气生存的生命体的存活。

结冰的水

科学家们认为几十亿年以前火星上曾经有过活水。在那时，这颗行星上有湖泊、河流，或许还有海洋。随着火星气温的降低，地表水开始冻结。这就可以解释为什么火星的两极存在结冰的水，其存在形式为常年不化的冰盖。

▶ 尽管火星上的大气层比地球上的稀薄，但也足以维持某些生命的存活。这就是为什么科学家认为在火星上可能有过生命存在。

▼ 铁的存在使火星的外表呈红色。因此，火星也叫作"红色行星"。

生命存在的证据

许多年来，科学家们一直在试图寻找到更多火星上存在过生命的证据。为了发掘生命存在的证据，人类曾进行了几次太空探索。1984年，科学家们在南极洲发现了一小块陨石。这块儿陨石已有45亿年的历史，是目前已知的最古老的岩石。科学家认为这块儿陨石中所含的物质与地球上某些微生物中的物质相似。但是，仍未发现明显的证据来说明火星上是否有过生命体的存在。

▼ 火星上布满环形山、悬崖和火山。其中，奥林帕斯火山的高度是珠穆朗玛峰的3倍，也是我们太阳系已知的最大的火山。

光环之王

土星是太阳系的第二大行星。它的体积约是地球的 10 倍，拥有 30 余颗卫星。土星最大的卫星是泰坦星，其大气构成成分是氮气和碳氢化合物。

气体地表

科学家认为土星没有固态的地表。木星和土星主要由气体构成。土星的岩石内核外覆盖着一个液态层。这就意味着当我们登上土星时，我们将会漫步在气体之上！

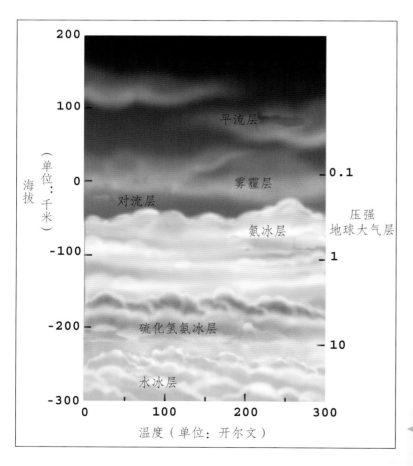

（单位：千米）海拔

200

100

平流层

0

雾霾层

对流层

氨冰层

-100

硫化氢氨冰层

-200

水冰层

-300

0   100   200   300

温度（单位：开尔文）

压强 地球大气层

0.1

1

10

冰之环

距离太阳第六远的行星是土星，它以其光环而闻名。土星被七个主光环所环绕，而这七个主光环又由成千上万个小光环组成。这些光环的构成成分是尘埃微粒和数十亿的冰块，它们大小不一，小如斑点，大似高山。这些冰块和尘埃围绕着这颗行星运转。

◀ 土星的大气层

土星是风力最大的一颗行星，风速是地球上最狂暴的飓风风速的4倍以上。

研究土星

在 1980 年和 1981 年，两艘旅行者号探测器访问了土星。旅行者 1 号和旅行者 2 号拍摄了土星及其卫星的照片，这有助于我们更多地了解土星的光环。除此之外，探测器还发现火星的卫星之一泰坦星的大气层很厚，其成分以氮气为主，很像地球的大气层。

土星的光环之所以"闪烁"，是因为其中的冰块反射太阳光。太阳系所有这四颗外行星都有光环，但是只有土星的光环能够从地球上看到。

观测太空

天文学是研究宇宙和宇宙空间里所有成分的科学。多个世纪以来，人类对太空充满了好奇。自从第一次抬头仰望天空开始，人类就一直在试图解开宇宙之谜。

古老的传说

古时候，人们会编造出一些传说来解释他们无法理解的事物。根据古代东方的一个传说，地球是一个扁平的圆盘，被四只大象驮在背上。这些大象站在一只乌龟的背上，而这只乌龟则端坐在一条蛇的身上。古代埃及人认为天空之神努特在地球之上将身体弯成拱形，只有她的脚和手指触碰着大地，她弯曲的肚子形成星光灿烂的天空。

▼ 谈及天文学的先驱，古巴比伦人应该占有一席之地。对于我们现在所知道的许多恒星和行星，他们早在公元前2000年就有过记录。他们甚至还根据天文现象创造了最早的历法之一。

第一架望远镜

第一架望远镜被认为是在1608年由一位名叫汉斯·利伯希 (1570~1619) 的荷兰眼镜制造工匠所发明的。他制造的望远镜有两个形状略微不同的镜头，被放置在一个圆筒的两端。著名的意大利科学家伽利略·伽利雷 (1564~1642) 在次年设计出了他的版本的望远镜。伽利略利用他的望远镜第一次发现了木星的卫星。

◀ 牛顿解释说，万有引力的存在使得行星及其卫星保持在适当的位置上。

著名的天文学家

英国科学家艾萨克·牛顿爵士（1642~1727）坐在苹果树下时，有了一个革命性的发现。苹果从树上掉下来，引发了牛顿去思考为什么苹果会掉在地上而不是飞向天空。这个简单的问题引出了史上最伟大的发现之一——万有引力。美国天文学家埃德温·哈勃（1889~1953）有了另一个开创性的发现，他第一个提出了宇宙是在不断膨胀的理论。斯蒂芬·霍金（1942~2018）在万有引力和黑洞方面有了重大的发现，他被认为是 21 世纪最伟大的物理学家之一。

卫星和探测器

人类试图更多地认识太空和太空中的一切。除了仰望天空和通过望远镜观测之外，还发射了人造卫星和探测器到太空，它们将信息传送回地球。

天上的眼睛

卫星是指围绕行星在轨道上运行的天体。月亮是一颗天然卫星。我们也向太空发射卫星，这些卫星叫作人造卫星。像月亮一样，人造卫星也围绕着地球或其他行星运行，这样就有助于我们了解它们所围绕的行星。

探测器是无人驾驶的航天器，用它来收集地球以外宇宙中物体的信息。许多卫星也可以归类为探测器。

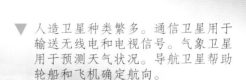

▼ 人造卫星种类繁多。通信卫星用于输送无线电和电视信号。气象卫星用于预测天气状况。导航卫星帮助轮船和飞机确定航向。

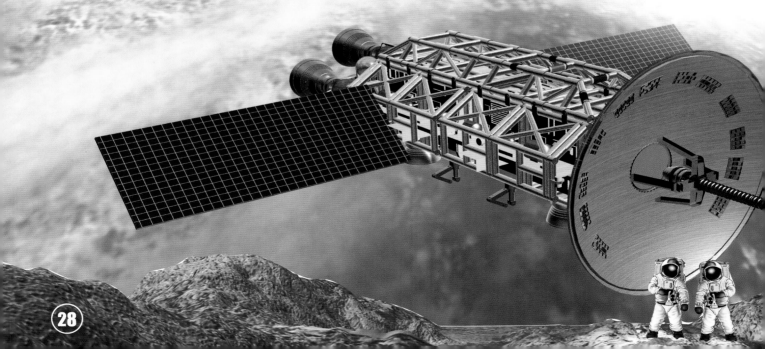

维修人造卫星

人造卫星是机器，有时也会出现故障。但是如何维修一个环绕着地球不停运转的飞行器呢？唯一的办法就是进入到太空，找到它们。这项任务貌似艰巨，但是空间科技使这一切成为可能。我们将航天飞机发射到太空，把这些人造卫星捕捉回来。

▶ 宇航员借助安装在航天飞机上的机械臂捕捉到人造卫星，并将它锁定在航天飞机上。然后，宇航员漫步在太空，对出现故障的系统进行修理或更换。

逃跑的人造卫星

人造卫星一旦被送入轨道，通常会保持在既定的航线上。但是，有时人造卫星也会偏离轨道。在这种情况下，逃跑的人造卫星不会坠落回地球。人造卫星周围的颗粒和太阳的能量会将它焚毁。假如人造卫星脱离了轨道，逆向太阳运行，那它还会继续漂浮在太空，成为一块太空垃圾。

探索太空

多少年来，人类仅仅满足于仰望天空，研究太阳、月亮和繁星。然而，在过去的约 40 年间，科技发展突飞猛进，帮助我们跨出我们所在的星球，开启了对其他星球的探索之旅。

太空竞赛从何开始?

1945 年第二次世界大战结束后，美国和苏联都开始了各自的太空计划，建造足以实现太空之旅的强有力的火箭。至此，利用无人驾驶的空间探测器和载人航天飞船实现空间之旅的太空竞赛在美、苏两国之间展开了。

▼ 苏联是第一个将人类送入太空的国家。1961 年 4 月 12 日，苏联宇航员尤里·加加林乘坐宇宙飞船"东方 1 号"进入太空轨道。

人造卫星发射升空

1957 年 10 月 4 日，苏联成为第一个将人造卫星"斯普特尼克 1 号"发射到太空的国家。1958 年 1 月 31 日，美国发射了他们国家的第一颗卫星"探险者 1 号"。1959 年 3 月，美国发射的另一颗卫星"先驱者 4 号"。这是一个月球探测器，但最终却进入了日心轨道，并一直在那里运行。

1961 年 5 月 5 日，艾伦·谢泼德成为第一位进入太空的美国人，他乘坐的是"自由 7 号"宇宙飞船。

第一批登上月球的宇航员在月球上停留了 21 小时，他们在月球表面徒步勘探，并将采集到的岩石标本带回了地球。

登月宇航员

首次登上月球的是美国人。1969 年 7 月 20 日，两位美国宇航员尼尔·A·阿姆斯特朗和埃德温·E·奥尔德林第一次踏上了月球。他们所乘坐的宇宙飞船是"阿波罗 11 号"。机组中的第三位宇航员迈克尔·科林斯，留在月球轨道上的飞船里做实验并拍摄了照片。

太空穿梭

飞向太空可不像驾驶飞机那么简单，这可复杂得多，需要一定的速度和技术。天文学家利用火箭将航天飞机发射到太空。

第一枚液体燃料火箭是由美国科学家罗伯特·戈达德(1882~1945)研制的，于 1926 年 3 月 16 日实现了第一次升空。

越飞越高，越飞越远

航天飞机的外形和普通的飞机相差无几，它被用来将人造卫星发射到太空。同时，它也会把损坏的人造卫星带回，把宇航员和物资送往太空站。航天飞机由一个轨道器、两个火箭助推器、一个外部燃料箱和两个小的燃料箱组成。只有轨道器和小的燃料箱进入轨道。火箭在发射升空后很快就会降落。一旦进入太空，外部燃料箱也会被丢弃。航天飞机可以像飞机一样在跑道上着陆。

轨道器进入环形轨道。

外部燃料箱在距离地面 130 千米处坠落。

火箭推进器在海拔 45 千米处与航天飞机分离。

航天飞机的命名

美国国家航空航天局有三架活跃的航天飞机："发现号""亚特兰蒂斯号"和"奋进号"。"发现号"以两艘同名的著名轮船命名。"亚特兰蒂斯号"是以一艘考察船的名字命名的，而"奋进号"是以詹姆斯·库克指挥的第一艘船的名字命名的。他因发现新西兰、勘探澳大利亚、环行大堡礁而闻名。此外，美国国家航空航天局还拥有"进取号"和"开路者号"测试航天飞机和模拟飞行器。

克服引力的障碍

　　宇航员面临的一个巨大的挑战就是地球的引力。地球的引力非常大，只有时速高达 40,000 千米 / 小时（25,000 英里 / 小时）的火箭才能将宇宙飞船送入太空。氢氧混合物燃料在高压下燃烧帮助火箭达到这一时速。火箭将宇宙飞船推送到太空后就坠落回地球，让它们降落在海洋上，可以回收重复使用。

外部燃料箱

火箭助推器

轨道器

▼ 固体燃料燃烧两分钟。

有趣的事实

　　宇宙飞船以 28,164 千米 / 小时（17,500 英里 / 小时）的速度环绕地球运行。因此，只需 90 分钟宇宙飞船就可以环绕世界一周。而且，飞船上的机组人员每 45 分钟就可以看到一次日出或日落！

事实档案

　　n. 飞船飞行时的温度：816℃，高于水沸腾时温度的 7 倍

　　n. 飞船的发射重量：约 204 万千克（450 万磅）

　　n. 机组人员的数量：通常是 5~7 人，容量为 10 人

　　n. 飞船运行轨道的最高海拔：约 965 千米

　　n. 轨道器的长度：约 37 米（122 英尺）

　　n. 轨道器的高度：约 17 米（56 英尺）

太空时装

我们总是会选择最适合室外天气的衣服或鞋子。夏季时，我们穿着使我们感到凉爽的浅色衣服。冬季时，我们穿上保暖的毛料衣物。遨游太空同样需要一身特殊的装备。

▲ 航天服为宇航员提供氧气，保护宇航员免受太空气温变化及微流星对人体造成的危害。

▶ 宇航员用一个装有氮气的特殊背包帮助他们在太空自由飞行。这个背包叫作"人控机动装置"或者"MMU"，它被固定在宇航服上，里面还有一个照相机，以便宇航员在飞行时拍照。

功能不同的航天服

为了完成太空之旅，宇航员不只有一套航天服。当宇宙飞船离开或重新进入地球的大气层时，宇航员需要穿上带有降落伞包的特殊航天服。这套服装有帽盔、手套和靴子。在机舱里时，宇航员穿上舒适的针织衫、长裤或者飞行服。他们也带着特制的夹克衫、睡裤、拖鞋和内衣。所有这些衣物都有特殊的衬里来保护宇航员。

舱外装备

在飞船外面工作时，宇航员所穿的特殊服装叫作"舱外机动套装"或者"EMU"。这种装备设计得非常灵活，由几部分组成。每部分有不同的尺寸，可以组装来满足不同宇航员的需求。内衣上设计有管路装置，水在管路中流遍全身，以保持宇航员的身体凉爽。宇航员还要佩戴深色的喷镀头盔，保护他们的眼睛不受太阳强光的伤害。

太空装备

太空中的条件显然与我们在地球上的条件存在着很大的差异。因此，航天服有几项功能来保护宇航员免受恶劣条件的伤害。这些特殊的宇航装备质地坚硬，由尼龙和凯夫拉——一种特殊的橡胶编织而成。航天服在地球上很重，但是因为在太空中存在失重现象，所以它们也就几乎等于没有重量了。

太空生活

我们所有正常的活动在太空都很难操作，这是因为在太空完全没有重力。而在地球上，重力使得我们的双脚可以稳固地踩在地上。你能想象一下在太空怎样刷牙、吃饭和上厕所吗？宇航员需要克服很大的困难来适应太空的特殊环境。

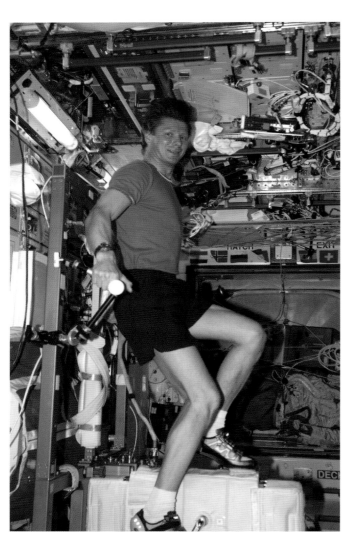

健身

太空小的重力环境会令人非常不安。它会导致人体的多种并发症，包括运动疾病、骨质流失及正常骨生成速度的下降。因此，宇航员需要有规律地加强锻炼。他们用跑步机、固定自行车或划艇机等器械设备来锻炼身体。

◀ 在太空之旅中保持健身对宇航员至关重要，因为失重会导致各种各样的身体疾病。

正常的骨头

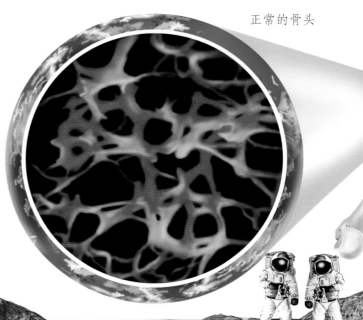

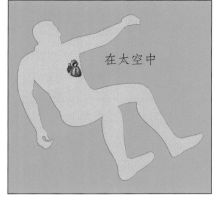

在太空中

在地球上

日常生活

在宇宙飞船里，就连食物也会飘起来。人们通常对食物进行脱水处理，使食物变轻，便于储存。在航天飞机里睡觉非常有趣！你会飘来飘去，时不时地撞到舱壁上。但是，大多数宇航员更愿意把自己装在睡袋里，拉上拉链，在头下面捆扎上一个小枕头。

疏松的骨头

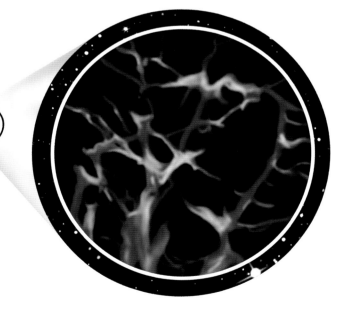

▲ 在太空失重的环境下，宇航员会经受骨质流失，这种状况类似于骨质疏松这种疾病。

日常清洁

在太空，疾病很容易在机组人员中传播。因此，需要对起居舱和卫生间进行定期清理。脏衣服和垃圾被贮存在真空密封的塑料袋里带回地球。便溺器将宇航员的排泄物收集起来进行密封。宇航员通常用海绵擦洗的方式来沐浴。

太空事故

在过去的一个世纪里，人类在太空探索领域突飞猛进。但是，成功是以牺牲许多英勇的宇航员和地面机组人员的生命为代价的。进入太空是危险与兴奋并存。

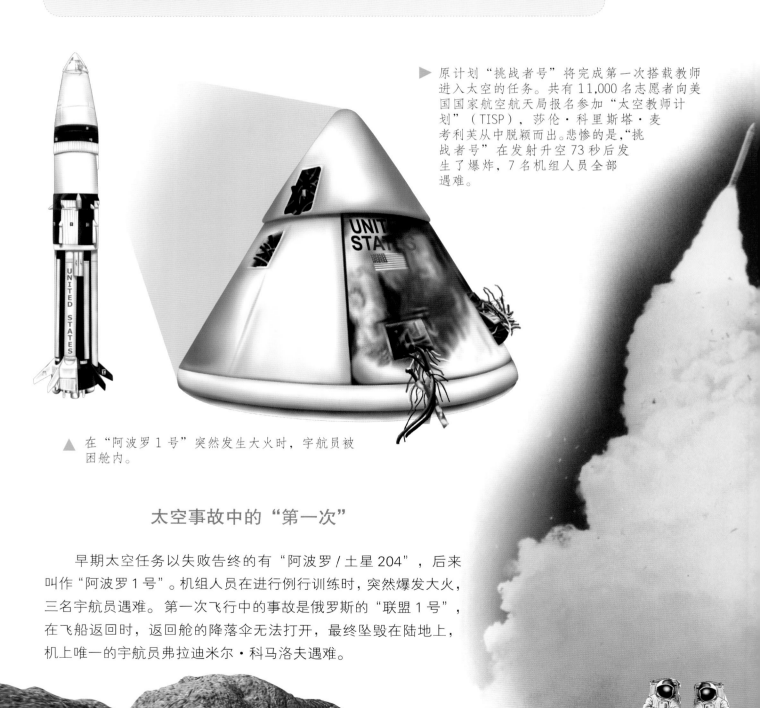

▶ 原计划"挑战者号"将完成第一次搭载教师进入太空的任务。共有 11,000 名志愿者向美国国家航空航天局报名参加"太空教师计划"（TISP），莎伦·科里斯塔·麦考利芙从中脱颖而出。悲惨的是，"挑战者号"在发射升空 73 秒后发生了爆炸，7 名机组人员全部遇难。

▲ 在"阿波罗 1 号"突然发生大火时，宇航员被困舱内。

太空事故中的"第一次"

早期太空任务以失败告终的有"阿波罗 / 土星 204"，后来叫作"阿波罗 1 号"。机组人员在进行例行训练时，突然爆发大火，三名宇航员遇难。第一次飞行中的事故是俄罗斯的"联盟 1 号"，在飞船返回时，返回舱的降落伞无法打开，最终坠毁在陆地上，机上唯一的宇航员弗拉迪米尔·科马洛夫遇难。

悲惨的结局

另一次飞行中的事故发生在苏联的宇宙飞船"联盟11号"。1971年6月，机组人员实现了与"礼炮1号"空间站的第一次对接。他们在空间站停留3个星期后，解除对接，返回地球。但是，飞船上的一个阀门意外打开，舱内的气体全部排向太空，三名宇航员全部遇难。

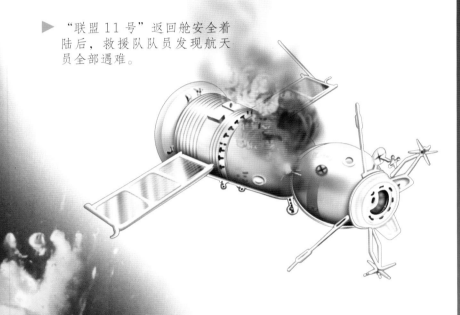

▶ "联盟11号"返回舱安全着陆后，救援队队员发现航天员全部遇难。

"哥伦比亚号"爆炸

在大家期待着"哥伦比亚号"航天飞机返航的那一天，机组人员从睡梦中醒来，听到了《苏格兰之花》的曲子，这是为了向有着苏格兰血统的任务专家劳瑞尔·克拉克表示敬意。宇航员已经完成了16天的太空飞行。但是当"哥伦比亚号"返回地球的大气层时发生了爆炸，7名机组人员全部遇难。

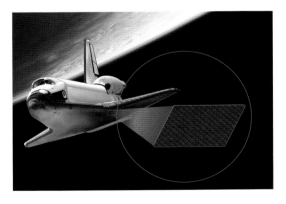

飞船底部贴有防高温绝缘瓦，可以保护飞船免受高达华氏2,300度高温的损坏。

太空剪影

下面是一些关于太空——最后的边界的有趣的事实

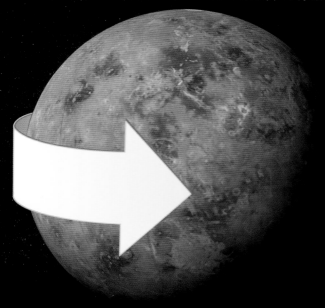

n. 木星没有固体的表面，只有气态的云层。它主要由氮和氦组成。

n. 地球围绕地轴自转时，9 月份的速度比 3 月份的速度快。

n. 1974 年 3 月 29 日，"水手 10 号"成为第一个近距离飞掠水星的宇宙飞船器，是它第一次将这颗行星表面的近距离照片发送回地球。

n. 金星与太阳系中的其他行星自转方向相反。

n. 夜空中最亮的恒星是天狼星，也叫天狗星，它距离太阳系约 51 万亿英里，或 8.6 光年。

n. 飞离地球表面至少 80 千米后才能进入外太空。

n. 火星是以罗马神话中战神的名字命名的。英文里的"三月"也是以他的名字命名的。

n. 几百年来，人们认为彗星的出现是不祥之兆，预示着瘟疫、战争和死亡即将来临。

n. 有记载的最大的小行星是"谷神星"，它的直径达 965 千米。

n. 金星的地表高温足以将铅熔化！它的温度可以高达 462℃（铅的熔点是 328℃）。

n. 太阳系 99% 以上的质量都集中在太阳上。

n.1965 年 3 月 23 日发射的"双子星 3 号"是美国的第一次双人太空之行。维吉尔·加斯·格里森成为第一个两次飞入太空的航天员。

n. 月球表面有 3 万亿个直径大于 3 英尺的环形山。

n. 木星环绕太阳公转的周期约 12 年。木星上的一天约 10 小时。

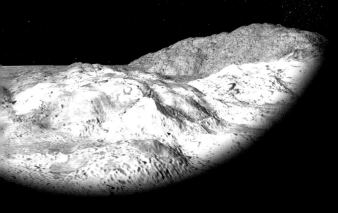

n. 每年的 4 月 12 日，为了纪念尤里·加加林成为进入太空的第一人，全世界都会庆祝"尤里之夜"。

n. 2003 年 1 月 16 日，当伊兰·拉蒙上校登上不幸的"哥伦比亚号"航天飞机时，成为了第一位进入太空的以色列宇航员。

n. 唯一一项登上月球的体育运动是高尔夫。1971 年 2 月 6 日，宇航员艾伦·谢泼德登上月球后，打了一杆高尔夫球。

n. 如果太阳突然停止发光，地球上的人类 8 分钟后才能意识到。

n. "My very Eager Mother Just Served Us Nine Pizzas"，借助这句英文中每个单词的首字母，就可以记住太阳系九大行星的次序：水星、金星、地球、火星、木星、土星、天王星、海王星和（矮星）冥王星。

n. 1958 年美国将两只老鼠——班吉和洛什卡送入了太空。

n. 一架航天飞机的主引擎的重量仅是一列火车引擎重量的七分之一，但是所产生的能量却相当于 39 个机车所产生的能量。

n. 1961 年 1 月 31 日，3 岁的汉姆成为第一只进入太空的黑猩猩。

n. 玛丽安·穆恩是第二位踏上月球的宇航员埃德温·"巴兹"·奥尔德林妈妈的名字。

太空探秘 知识点

- **宇航员：** 经过训练后能够从事太空飞行，并能在宇宙飞船上工作的人。

- **轴：** 天体旋转时所围绕的假想的线。

- **航空舱：** 宇宙飞船的一部分，用来在外太空运送人和动物，收集太空和天体数据，返回地球后可被恢复。

- **碰撞：** 两个或多个天体或颗粒的接触，伴随着能量的交换和运行方向的突然改变。

- **缩小：** 使变得更少或更窄。

- **环形山：** 在流星体的作用下，在地表形成的碗状的大型凹陷。

- **密集的：** 高密度，即每单位体积的质量高。

- **对接：** 在太空将两个或多个宇宙飞船连接在一起。

- **电子：** 原子中含有负电荷的物质，围绕原子核运动。

- **椭圆**：类似于扁平的圆形。

- **赤道**：地球上的一条假想的圆周线，与南北两极点的距离相同，将地球分为南北半球。

- **扩张**：在尺寸、体积、数量或范围上的增加。

- **引力**：太空中天体之间相互吸引的力量，或者引向天体（例如：地球）中心的力量。

- **发射**：用力推进宇宙飞船，使其飞向太空。

- **光年**：光在一年中所传播的距离，约10万亿千米。

- **载人的**：有人操纵的宇宙飞船。

- **中间层**：地球大气层中较高的层次，距离地球表面约50至80千米。

- **运动疾病**：在运动的交通工具中产生的眩晕或不适。

- **美国国家航空航天局**：是美国联邦政府的一个独立机构，负责太空研究和太空旅行。

- **星云**：星云是由星际空间的气体和尘埃结合成的云雾状天体，星云是可见的模糊的一片或一个昏暗的地带。

- **轨道**：在引力的作用下天体或人造卫星围绕另一个天体运行的环形路线。

- **骨质疏松症**：一种骨质疾病，症状是骨密度减少，骨质脆弱，容易骨折。

- **质子**：位于原子的中心，带有负电荷的物质。

- **原恒星**：是由气体和尘埃结合成的星际物质云，逐渐收缩，凝聚成为一个高温高密度核，最终演化为一颗恒星。

- **再进入**：宇宙飞船或导弹重新返回地球的大气层。

- **公转**：一个天体（如行星或卫星）环绕着另一个天体沿着一定的轨道转动。

- **自转**：围绕内部的轴自行旋转。

● **卫星**：围绕一个行星或恒星运转的天体；围绕地球或其他天体运转的人造飞行器，用于获取

科研数据或满足通信需求。

● **太空垃圾**：留在地球轨道上的无用的人造物质，来自宇宙飞船或人造卫星。

● **太空漫步**：离开航天飞船，进入太空漂浮着执行出舱活动，有保障装置将航天员与飞船连接。

● **平流层**：大气层的较高层次，低至约6~17千米，高至约50千米。

● **热层**：位于中间层的上方，海拔至400千米，随高度温度不断上升。

● **对流层**：地球大气层中的最底层，距离地面10~13千米。

● **真空密封**：用低压的密封容器保存，使其保持新鲜。

● **十二宫**：太阳、月亮和行星在太空所处的假想区域。这一区域被分为12个相等的部分，这些

● 部分就叫12宫，每一个宫都有一个特殊的名字和代表形象。

解密神奇星球　发现美好世界

生活中除了英语和奥数，还有各种神奇美丽的植物、动物、星空、宇宙……坐上我们的"神奇星球"号飞船，带你在家看世界！

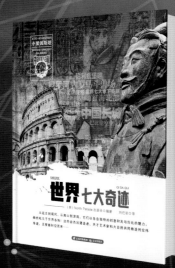

集知识性与趣味性于一体，兼具科学的严谨性和生活的多样性！唤醒孩子们对科学的兴趣，激发他们探求科学知识的热情！本书特别适合父母与 3～6 岁的孩子亲子阅读或 7～12 岁的孩子自主阅读。

图书在版编目（CIP）数据

太空探秘 / 英国North Parade出版社编著；郭瑞译. —昆明：晨光出版社，2019.6
（小爱因斯坦神奇星球大百科）
ISBN 978-7-5414-9317-1

Ⅰ. ①太… Ⅱ. ①英… ②郭… Ⅲ. ①空间探索—少
儿读物 Ⅳ. ①V11-49

中国版本图书馆CIP数据核字(2017)第322405号

著作权合同登记号 图字：23-2017-113 号

太空探秘
TAIKONG TANMI

（英）North Parade 出版社◎编著
郭 瑞◎译

出 版 人	吉 彤
策 划	吉 彤 程舟行
责任编辑	贾 凌 李 政
装帧设计	唐 剑
责任校对	杨小彤
责任印制	廖颖坤
出版发行	云南出版集团 晨光出版社
地 址	昆明市环城西路609号新闻出版大楼
发行电话	0871-64186745（发行部）
	0871-64178927（互联网营销部）
法律顾问	云南上首律师事务所 杜晓秋
排 版	云南安书文化传播有限公司
印 装	深圳市雅佳图印刷有限公司
开 本	210mm×285mm 16开
字 数	60千
印 张	3
版 次	2019年6月第1版
印 次	2019年6月第1次印刷
书 号	ISBN 978-7-5414-9317-1
定 价	39.80元

凡出现印装质量问题请与承印厂联系调换